快速機縫！
一日完成的多功能包

bags of plentiful functionality with only one day's workload

One Day Finish・Quick Sewing・Fashion Design

飛天出版

作者序

總是希望...
每個包款都承載著多樣變化的時尚設計

　　每次思考包包的設計之時，從布料的色彩、材質到袋身的剪裁，都是一步一步地，在腦海中成型。一直以來都持續著製作各種充滿時尚感的包款，也不斷地變換製作的方法，嘗試各種不同的款型，想要從中找到具有變化風貌的時尚設計。

　　在多年教學的歷程當中，時常會有學生提出各種需求，我也在這當中，盡可能地創作出符合功能性、同時也充滿時尚氣質的包款，慢慢地，這些實驗性的設計漸漸累績成許多有趣又具造型感的包款，為數眾多，也只能截取一部份收錄在書裡。

　　為了滿足學生的需求，製作包款的同時，也必須考量到製作的難易度，越是大方好看的包款，通常製作方法也不會太困難，只是總有些特殊技巧與細節需要下功夫。學生們也常常想要趕快製作出心目中理想的包款，因此運用快速機縫的特點，也成為包款設計時的思考重點！

　　只要學會了萬用的機縫技法，就可以巧妙地變化出各種樣貌的時尚包，再熟練些，車縫的速度可以快一點、精確一點的時候，這些包包都只需要一天就可以做完，看似不可思議，但其實只要step by step，多功能的時尚包就誕生了，這是我想要分享給大家的。

　　這本書裡收錄的多功能包款，都是與學生一起分享的喜悅過程，很感謝學生的支持，也謝謝家人的陪伴，希望每一位購買此書的人，都可以愉快地享受車縫的樂趣，製作出美麗的多功能包！

Content

Part 1　一日完成！25款多功能包

圖解 P.64

P.08

蜜柑香橙拼接包

圖解 P.65

P.10

ZIGZAG！束口收納包

圖解 P.66

P.12

公主的秘密～經典包組

圖解 P.68

P.14

立體野菊肩揹包

圖解 P.70

P.16

森林系拼接水餃包

圖解 P.72

P.18

Dessert！
午茶時光夾層包

圖解 P.73

P.20

極簡風～
率性女孩的工作包

圖解 P.74

P.22

英倫輕巧三用包

圖解 P.76

P.24

海洋風多層口袋包

圖解 P.78

P.26

麂皮の華麗感！袋蓋變化包組

圖解
P.82

P.28

Little Demon！小惡魔系手挽包組

圖解
P.86

P.30

海棠花の旅行包

圖解
P.87

P.32

壓棉の萬用隨興包

圖解
P.88

P.34

Rose Quilting！
絢彩玫瑰包

圖解
P.90

P.36

鐵塔紀事～
OL的巴黎時尚包組

圖解
P.93

P.38

Pink Lady！
粉紅佳人童話包組

圖解
P.98

P.40

La Petie Starlette～
香榭明星小包

圖解
P.100

P.42

懷舊感！美式復古女孩包

圖解
P.102

P.44

咕咕貓頭鷹的彎月包

Part 2
快速機縫！基礎萬用技法

P.48	工具材料	P.56	袋身處理
P.50	拼接技法	P.57	滾邊技法
P.52	口袋技法	P.58	布花製作
P.54	壓棉技法	P.60	毛線編織
P.55	局部裝飾	P.61	金屬釘釦處理

Part 3
How To Make

P.62-P.103　　　　作法步驟圖解

Part 1

一日完成！
25款多功能包

25 bags of plantiful functionality with only one day's workload !

One Day Finish !

Functionality !

Fashion Design !

Beauty !

Quick Sewing !

7

蜜柑香橙拼接包

像柳橙般一片片拼接的可愛小提包，搭配麂皮布的質感，塑造出奇妙的視覺焦點。採用拉鍊式的雙層袋底，打開後可增加袋身的容量，以及袋身後片的玫瑰拼接口袋，都是別出心裁的趣味小設計，包包似乎也散發出蜜柑的香甜氣氛。

How To Make : P.64

ZIGZAG！束口收納包

運用鋸齒拼接表現出布料色彩的前衛風格，裝上金屬感的小判持手，以獨特的剪裁營造出袋身的立體感。裡袋的束口袋與包釦抽繩的設計，達到整體裡外應合的絕妙感，這是設計師的私藏訂製款。

How To Make : P.65

公主的秘密～
經典包組

典雅的紅色系，以獨特的口袋剪裁創造如歐洲公主般的經典感。輕輕拉開前袋的拉鍊，將口袋上翻，可收納文件或迷你小物。側身的拉鍊，可增加袋身的容量。放上成套的口金短夾、小口金零錢包，好似將公主的美麗秘密都藏在口袋包裡。

How To Make : P.66-P.67

D

E

13

立體野菊肩背包

野菊的紅色插畫布與亮銀色系毛料布，以極簡風格的袋型與鎖鍊
皮手把，營造出義大利式的時尚品味。搭配上具有立體感的手工
野菊花，好似在托斯卡尼的豔陽下綻放著迷人風采。

How To Make : P.68~P.69

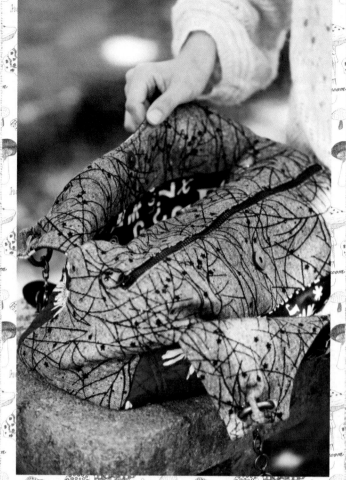

森林系拼接水餃包

輕巧又可愛的水餃包款，以森林氣息的
綠色、大地色的淡雅色系拼接，縫上白
色的毛線蕾絲花朵，拉鍊上綁著螺旋果
實，就像甜美小女孩的野餐日，在陽光
灑下的樹林間，訴說著包包的故事。

How To Make : P.70-P.71

Dessert !
午茶時光夾層包

甜蜜的馬卡龍蛋糕上桌，午茶時間到了！以多夾層的設計搭配活動圓型環與袋底抓皺，讓包包增添趣味感，快背著去參加女孩專屬的聚會吧！

How To Make : P.72

極簡風～
率性女孩的工作包

素面的棕色麂皮布，以簡單的菱格紋壓線，前袋是方型的書包釦式口袋，後袋是貼式口袋。沒有過多繁複的裝飾，單肩背的皮把搭配方型的基礎包款，以極簡的設計呈現出女孩率真的性情，無論走到哪都如出一轍地率性美麗。

How To Make : P.73

英倫輕巧三用包

朗朗春日的陽光照射下，背上可以變換造型的三用包，可以後背、肩背，亦可以手提，展開長條的雙織帶，包包立即變身為容量更大的斜背旅行包，搭配英國風的玫瑰棉麻布，營造迷人的典雅風情。

How To Make : P.74-P.75

海洋風多層口袋包

法式經典的紅、白、藍三色；搭配上俏
皮的大圓點與錨型圖案，以多口袋的實
用設計贏得水手系女孩的青睞，可背、
可提、可挽，更可以後雙肩背起，讓海
洋的氣息伴隨著輕快的口哨聲出遊囉！

How To Make : P.76-P.77

麂皮の華麗感！
袋蓋變化包組

麂皮布與圖案棉麻布營造絕佳質感，袋蓋運用隱藏式拉鍊創造包包的空間變化，或是兩片式的裝飾袋蓋裝上書包釦，讓優雅與趣味的風格華麗展現。

How To Make : P.78-P.81

一日完成！
25款多功能包

Little Demon !
小惡魔系手挽包組

粉桃、黑與紫的小惡魔色系搭配，充滿時尚氛圍，運用拼接效果營造圓弧袋身的層次感，雙提把的設計讓手挽包靈活變化，多夾層與雙拉鍊設計更增添實用功能。

How To Make : P.82-P.85

海棠花の旅行包

大朵的海棠花以暗釦設計為可拆式，可隨著旅行的心情變換花朵，
側身以金屬圓型釦環固定，不但塑造美麗包型，打開時也能改成單
提把，充滿了旅行的浪漫風情。

How To Make : P.86

壓棉の萬用隨興包

大片的棉麻花布，以單純的格子壓棉與袋身打摺，營造
隨興自然的風味，加上底布的厚實質感；無論是踏青或
逛街，都成為可隨手一提的萬用包款！

How To Make : P.87

Rose Quilting !
絢彩玫瑰包

以拼接玫瑰設計包包的視覺焦點，袋口以兩層拉鍊設計，成為可收納式的雙提把，再運用金屬圓型釦環搭配單提把，包包的袋型則有了巧妙轉變，別具迷人的趣味，是每個女孩都想要的實用變化包款。

How To Make : P.88-P.89

鐵塔紀事～
OL的巴黎時尚包組

特殊的袋身剪裁拼接，再運用雞眼釦結合打摺，營造出絕妙的時尚品味。同款的化妝包以小碎褶製作，搭配雙向拉鍊的設計，不但袋型可愛，容量也大升級；是粉領女孩們的必備包組！

How To Make : P.90-P.92

Pink Lady !
粉紅佳人童話包組

粉嫩如童話般的色彩搭配，運用滾邊條的壓棉設計增添視覺效果，雙提把與斜背織帶的組合設計，搭配袋身的完美剪裁，散發出美麗佳人的氣質，再佐以口金短夾與拉鍊長夾，成為夢想中的粉紅包組。

How To Make : P.93-P.97

La Petie Starlette ～
香榭明星小包

運用具有時尚感的布料，與水兵帶作格紋裝飾，
以特殊的袋身剪裁營造出迷人的法式風情，雙提
把與單肩背帶的替換，讓包型產生不同樣貌，如
同香榭大道的明星，愉悅地道一聲Bonjour！

How To Make : P.98-P.99

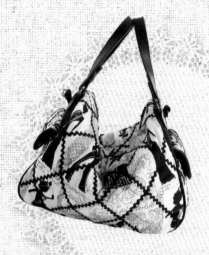

懷舊感！
美式復古女孩包

以美式復古的圖案布，搭配點點水玉，運用褶子與橢圓底設計袋身，袋口以原布製作一體成型的提把，搭配斜背織帶，簡單隨興的實用包款，營造出復古氣氛的美式風情。

How To Make : P.100-P.101

咕咕貓頭鷹的彎月包

彎月型的森林系包款，搭配羊毛不織布，運用貼布縫製作樹枝，再以可愛的貓頭鷹當作別針裝飾，袋身以可加大式的拉鍊設計，整個包包散發出濃濃的森林氣息，似乎隱約聽見了貓頭鷹──咕咕的迴音。

How To Make : P.102-P.103

Part 2

快速機縫！
基礎萬用技法

Basic Skills for variations to produce bags in quick and easy sewing !

One Day Finish !

Functionality !

Fashion Design !

Beauty !

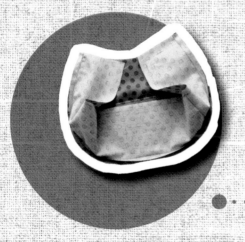

Quick Sewing !

工具材料

好好掌握基礎工具的使用技法，搭配合適的材料配件，
在一天時間內完成快速機縫包，也並非難事！

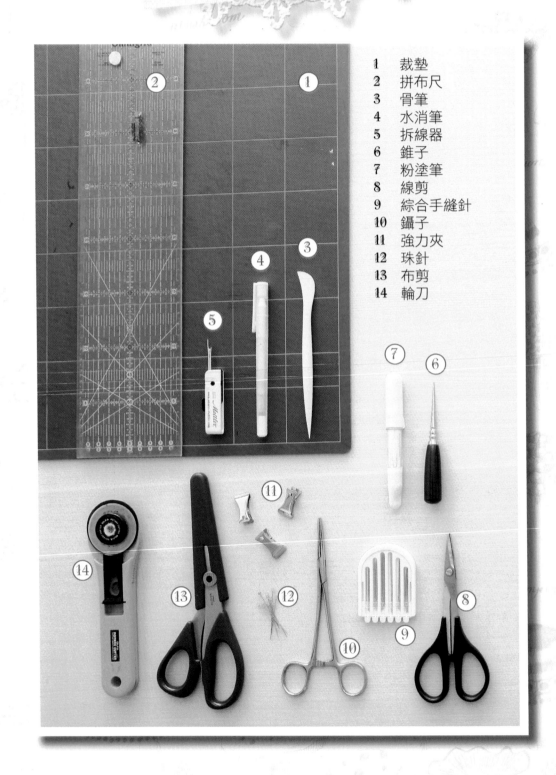

1　裁墊
2　拼布尺
3　骨筆
4　水消筆
5　拆線器
6　錐子
7　粉塗筆
8　線剪
9　綜合手縫針
10　鑷子
11　強力夾
12　珠針
13　布剪
14　輪刀

15 口金
16 小判持手
17 車線
18 裝飾手縫線
19 繡線
20 段染車線
21 水兵帶
22 燙貼
23 水晶立體貼飾
24 碎水晶貼飾

25 磁釦
26 圓型活動環
27 壓釦工具
28 四合釦
29 雞眼釦
30 塑膠包釦
31 拼布拉鍊
32 塑鋼拉鍊

33 棉
34 洋裁襯
35 挺棉
36 胚布
37 厚襯
38 奇異襯
39 織帶
40 蠟繩

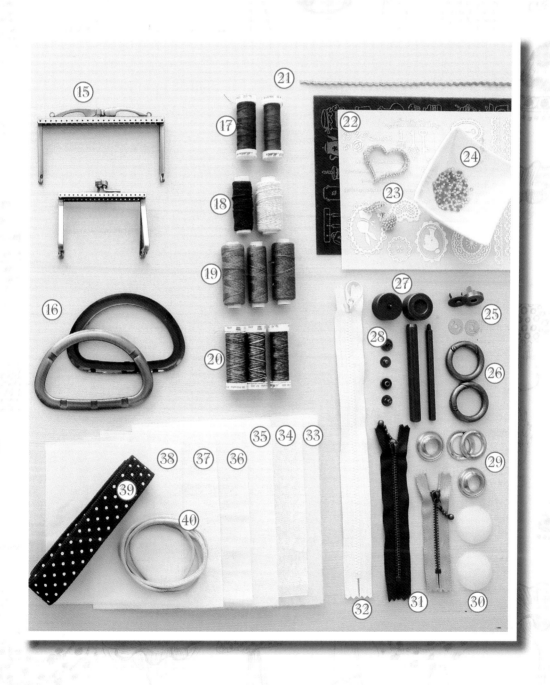

拼接技法

從最基礎的拼接開始，
讓包包佐以各種不同色彩的布料，完美登場！

SKILL 1　曲線拼接
Curve Quilt

1 挑選喜愛的布料，粗裁後依序排列，粗裁尺寸要稍大於包包紙型的拼接尺寸。

2 以下示範第2、3片布的拼接：先將第3片布與第2片間隔一段距離排列。

3 布片皆正面朝上放置，輪刀由上往下裁切，走曲線。

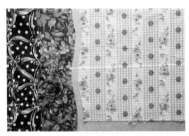

4 裁切完成後，第2、3片布的邊緣完全一剛好可以接合。

5 第2、3片布先畫上合印點，正面相對車縫組合。慢慢推送布料，勿過度拉扯導致變形。

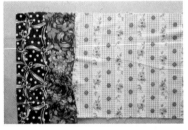

6 翻至正面，熨燙整型，完成第2、3片的曲線拼接。

7 依序完成其他布片的拼接。

TIPS

1. Aβουτ　裁切

裁切曲線時，輪刀的速度要盡量平穩一致，若裁切時停頓，則容易出現尖角而不圓弧。轉彎時輪刀可稍傾斜較易施力操作。

2. Aβουτ　配色

拼接時，色彩的搭配可將深淺色系擺在隔壁，這樣色彩較易顯現出來。若把相似的顏色擺放在隔壁時，色彩的效果表現就變得平淡了。

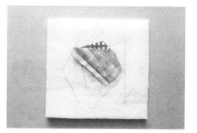

SKILL 2 翻車拼接

Turnover Quilt

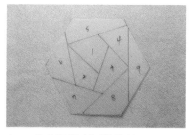

1　依紙型製作拼接的透明膠板，寫上拼接順序，並剪開來。依序裁剪布片，需外加縫份。

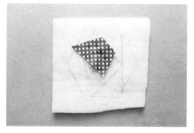

2　以膠板將紙型的拼接圖案畫在棉上面，第1片布正面朝上，以珠針固定。

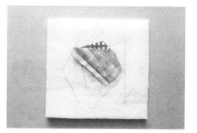

3　將第2片布與第1片布正面相對，對齊第1、2片布相鄰的那道線，連同棉一起車縫固定。

4　翻開第2片布，以骨筆順平。

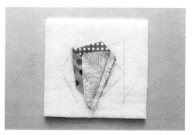

5　對齊第1、2片布與第3片布相鄰的那條線，車縫組合。

6　翻開第3片布，以骨筆順平。

7　同前步驟車縫第4片布。

8　翻開第4片布，以骨筆順平。

9　以此類推，完成全部的拼接。

POINT

鋪棉後直接翻車拼接的好處是，等於在拼接的過程就完成了壓線，

不需要等拼接完再逐一做落針壓線，是非常快速好用的技法呦！

口袋技法

三款基礎的口袋製作方法，
從貼式車縫、打摺到一字拉鍊，完整呈現包包的實用度！

貼式口袋
Sticking Pocket

1 準備口袋表、裡布，表布可
先鋪棉壓線，或是燙厚襯。

2 口袋表、裡布正面相對，
留一返口車縫一圈。

3 從返口翻至正面，以藏針縫
將返口縫合，熨燙整型。

立體口袋
Pleating Pocket

4 車縫固定於袋身，貼式口
袋完成。

1 口袋布燙1/2厚襯，不含縫份。

2 口袋布正面相對對摺，留
一返口車縫ㄩ型。

3 翻至正面，以藏針縫將返口
縫合並於邊緣車壓裝飾線。
依褶子記號線打摺，以強力
夾固定下緣。

4 於袋身畫出口袋位置。

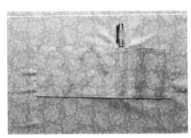

5 將口袋置於記號位置，車
縫ㄩ型固定，再車縫兩道
做出筆夾處。

快速機縫！
基礎萬用技法

SKILL 3 一字拉鍊口袋
Line Zipper Pocket

1 將口袋布與表布正面相對，於口袋布上畫出與拉鍊等長的長方型。

2 連同口袋布和表布車縫長方型。

3 兩側以Y字型將長方型剪開。

4 將口袋布塞入開口處。

5 翻至反面，熨燙整型。

6 翻至反面，口袋布與表布變成反面相對。

7 將拉鍊置於開口處，以拉鍊壓布腳於長方型周圍約0.2cm車壓一圈。

8 將口袋布對齊反摺，車縫ㄇ型，小心不要車縫到表布。

9 完成。

53

壓棉技法

四種從基礎到特色的壓棉技法，
輕巧地呈現出布料與棉結合的壓線質感。

SKILL 1 一般壓棉 *Machine Quilting*

1　表布、棉、後背布依序放置。

2　以緞染線進行壓棉，色彩效果會很漂亮。

3　換上鋪棉壓布腳。距離表布接縫處約0.5cm車壓，完成壓棉。

SKILL 2 自由曲線壓棉 *Free Motion Quinting*

換上自由曲線壓布腳，隨意轉動表布，車壓曲線紋路。

POINT

壓棉時棉後面要多襯一塊後背布，通常會使用胚布。若是製作外滾邊的包袋，則會以裡布取代後背布。因為壓棉時尺寸會稍微縮減，所以裁剪棉的尺寸時，要比表布稍大些。

SKILL 3 格紋壓棉 *Lattic Quilting*

以間距3cm壓棉，以0.5cm的間距做雙線壓棉，可以讓格紋的完成度更高。

SKILL 4 滾邊布壓棉 *Strip Quilting*

滾邊布依序以相同間距置於表布，壓棉固定。表布圖案會產生微妙的切割效果。

局部裝飾

運用基礎的裝飾技巧，
貼布縫、裝飾刺繡、熱燙貼，增加視覺的焦點！

 基礎貼布縫 *Basic Appliques*

1 將圖型正面畫好縫份，心型的凹處剪牙口。並將貼布縫的圖型畫在要縫的表布上。

2 將圖型布片的縫份內摺，以藏針縫將布片縫在表布。

3 完成貼布縫。

 點針縫貼布縫 *Ladder Stitch*

類似藏針縫，下針處a於表布入針，出針處b要距離布片邊緣約0.2cm，a和b之間的間距稍大。貼布布片的邊緣有點針效果。

回針繡 *Back Stich*

由a入針，由b出針。完成回針繡。

 熱燙貼 *Cloth Iron Print*

1 市售可買到現成的熱燙貼。

2 剪下喜歡的燙貼圖案，與表布正面相對放置。

3 隔一層布料，以熨斗熨燙。

4 待冷卻後，將燙貼背面的紙片撕起，完成。

袋身處理

從袋口的拉鍊擋布、到袋身的打摺、組合等，
加上滾邊裝飾，只要學會這些基礎技法，
就可以輕鬆製作各種包款了！

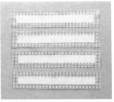 

SKILL 1 拉鍊擋布 *Zipper Fabric*

1 裁剪4片拉鍊擋布，燙厚襯（不含縫份）。

2 擋布兩側縫份內摺，正面相對夾車拉鍊的一邊。

3 擋布翻至正面，車壓ㄇ型裝飾線。

4 拉鍊另一邊作法相同。

ΤΙΡS

Aβουτ　**車縫拉鍊**

拉鍊的尺寸比拉鍊擋布還要長，是考量到包包袋口處可以完全打開來，方便使用。

SKILL 2 打摺 *Gather*

1 將紙型膠片置放於表布，將打摺記號畫在表布。

2 依紙型箭頭方向打摺車縫，完成。

可加大尺寸的側袋身

SKILL 3 *Adding Volume*

 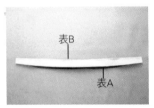  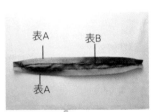

1 將2條拉鍊頭朝中心，與1片表A正面相對，可先用珠針固定。

2 將表B與表A正面相對，夾車拉鍊。

3 翻至正面，拉鍊上側為表A，拉鍊下側為表B。

4 另一片表再與表B的另一側正面相對，夾車拉鍊的另一邊，完成側袋身。

SKILL 4　袋身組合
Bag Assembling

1　前片表布與側身表布正面相對，車縫U型組合。

2　翻開至正面，熨燙整型。

3　準備好已格線壓棉的後片表布。

4　後表布與側袋身正面相對車U型，翻至正面，完成表袋身。

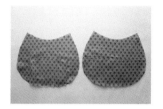

5　準備裡布2片，依個人喜好製作裡口袋。

6　將裡布與側身裡布正面相對，車縫U型組合。

7　側身裡布同前步驟，車縫另一片裡布，完成裡袋身。

8　裡袋身套入表袋身，反面相對，上緣袋口處車縫一圈固定。

SKILL 1　袋口滾邊
Edge Binding

滾邊技法

就能讓包包的完成度更高呦！

只要學會簡單的基礎滾邊，

1　裁剪斜布滾邊條。長度不足時，可如圖拼接。

2　滾邊條與袋口正面相對，以珠針固定，接頭縫份內摺重疊，車縫一圈後翻正。

3　滾邊條從袋口處往內包覆，以強力夾固定。

4　將滾邊條以藏針縫固定於袋口裡。

SKILL 2　包繩滾邊
Rope Binding

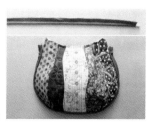

滾邊條包覆棉繩後車縫，再車縫U型固定於表布。

mushroom

布花製作

兩種簡易自然的立體布花，
只要自由變化花瓣紙型，就能創作出各種美麗的花朵！

立體野菊
3D Chrysantemum

1 準備將野菊圖案畫在奇異
襯上，共畫6片。準備鐵
絲、毛線、裝飾釦。

2 將奇異襯其中一面的紙撕去。

3 貼在布料的反面，並依野
菊圖案剪下。

4 將奇異襯剩下一面的紙也
撕去。

5 將鐵絲剪成小段，黏在奇異
襯的花瓣上，共製作3片。

6 將黏了鐵絲的3片黏在另一
片布上，裁下，共完成3
片。

7 將毛線以三指繞捲，捲成
一整圈。

8 綠色鐵絲穿過裝飾釦後，
將毛線中心捆綁。

9 將鐵絲穿過3片野菊，鐵絲
繞緊，完成立體野菊。

立體海棠花
Malus Spectabilis

TIPS

釘釦組另一邊的母釦，要安裝在包包表布
上，請對齊公釦的位置。

1　依紙型圖案在表布上畫出
花瓣輪廓，花瓣A和B皆是前
片（壓棉）、後片各3片。
PS.花瓣A、B請參照紙型。

2　將花瓣A前、後片正面相對，
依紙型輪廓車縫組合。

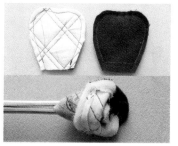

3　沿縫份將多餘的布料剪
去，以鑷子將花瓣翻至
正面。

4　翻好後熨燙整型。

5　花瓣B作法相同。

6　花瓣A和花瓣B都完成3片。

7　將花瓣B中心重疊，以手
縫一圈固定，花瓣A作法
相同。

8　將花瓣A和花瓣B不同色的
面相對，中心手縫固定。

9　製作底板：依直徑2cm的塑
膠片外加縫份裁剪布片，將
塑膠片置於中心。周圍疏縫
一圈後將線拉緊，布片縮
口，打結固定。包釦縫法相
同。

10　以錐子將底板穿出2個
孔，將釘釦組的公釦
固定於底板正面。

11　將底板以藏針縫固定於
花瓣B的中心。

12　將包釦以藏針縫固定於花
瓣A的中心，完成。

毛線編織

學會基本的毛線編織，參考花朵織圖，
就能輕鬆製作出可縫製於包包上的裝飾片！

SKILL 1 環狀起針

1 鉤針置於線上，逆時針方向繞圈往下拉，以左手姆指固定線圈。

2 將線往線圈鉤出。

3 形成一個環狀，接著開始在環狀內鉤織長針。

4 完成一圈長針後，引拔，將起頭的線拉緊，完成環狀起針。

SKILL 2 長針

1 將線掛在針上，穿入環內，將線鉤出。

2 再將線如圖鉤出，穿過兩個掛線處。

3 再將線如圖鉤出，同樣穿過兩個掛線處。

4 完成長針。

SKILL 3 短針

1 將鉤針穿入欲鉤織的環內。

2 如圖將線鉤出。

3 再如圖將線鉤出，穿過兩個掛線處。

4 完成短針。

SKILL 4 鎖針

1 將線如圖鉤出，完成一個鎖針。

2 連續鉤織，完成一長串鎖針。

SKILL 5 引拔針

1 將鉤針穿入欲鉤織的環內，如圖將線鉤出。

2 完成引拔針。

金屬釘釦處理

最常用的鉚釘與雞眼釦，
只需要學會這兩種就能隨意設計，增添包款風味。

 SKILL 1 鉚釘 *Rivet*

1 先以釘釦工具將布料和皮片打洞，兩者的洞要對齊。

2 將鉚釘的其中一側穿入皮片和布料。

3 翻至另一面。

4 將鉚釘的另一側接合，以釘釦工具敲打固定。

5 完成鉚釘。

SKILL 2 雞眼釦 *Eyelets*

1 以釘釦工具將布料打洞，將雞眼釦的公釦穿入洞中。

2 翻至反面，將雞眼釦的母釦對齊。

3 準備釘釦工具。

4 以釘釦工具將母釦敲打固定。

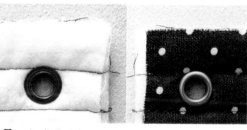

5 完成雞眼釦。

Part 3

How To Make

The paintings of making bas in special draft to deconstruct skills !

One Day Finish !

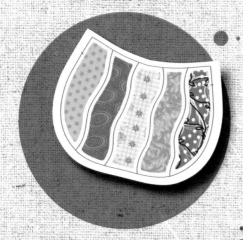

Functionality !

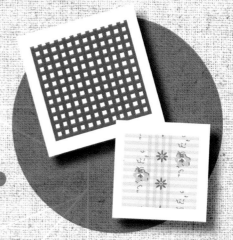

Fashion Design !

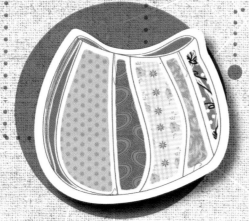

Beauty !

Quick Sewing !

63

蜜柑香橙拼接包

作品照片　*P.8*

完成尺寸---寬26×高21×底寬5cm

紙型
A

Materials

前表布（棉）	1片
後表布（棉）	1片
側表布（厚襯）	2片
側加大布	1片
口袋配色布（棉）	9片
前、後裡布	各1片
側裡布	1片
拉鍊擋布（厚襯）	4片
出芽布3×60cm	2條
出芽用皮繩60cm	1條
袋口拉鍊20cm	1條
側拉鍊30cm	2條
鉚釘	4組
皮片	2個
活動手把	1個

Steps

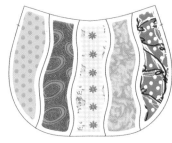

1 前表布選5色配色布，依紙型先粗裁，以曲線拼接完成前表布，並車上出芽，後表布完成貼式口袋。

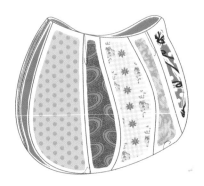

2 前後表布依紙型打摺，車好包繩滾邊，並製作拉鍊加大側身，組合完成表袋身。裡袋身做好內裡口袋，與表袋身背面相對套入。

3 袋口處滾邊，釘上皮片鉚釘，裝上提把，完成。

※拼接、包繩、組合、滾邊等各細節作法，請參考「快速機縫！基礎萬用技法」。

ZIGZAG! 束口收納包

完成尺寸---寬*31*×高*35*×底寬*12cm*

紙型
A

Materials

※數字尺寸已含縫份0.7cm。
紙型如未特別標註則需外加縫份。

前表布（棉＋胚布）	1片	包釦布	4片
後表布（棉＋胚布）	1片	包釦塑膠圓片3cm	4個
底表布（棉＋胚布）	1片	小判持手	1組
前、後裡布	各1片	束口用皮繩70cm	2條
縮口布（使用雙面布）	2片		
袋口滾邊布46cm	2條		

Steps

1 選7色花布裁下3×55cm，排列7個色號，上下兩色各1條，中間5色各2條。

裁剪
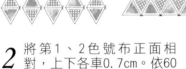

2 將第1、2色號布正面相對，上下各車0.7cm。依60度角裁下三角形，兩色相隔拼接，完成長條型。

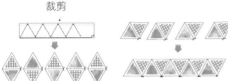

3 其他色號同樣依序拼接成長條，再交錯拼接成整片，排列成鋸齒狀。

4 加上棉與胚布，鋸齒壓線，再依紙型裁剪，完成前表布。後表布裁單色整片，舖棉壓線。

5 完成壓棉的前、後表布，與裡布背對背，疏縫一圈，袋口處車縫滾邊。畫出持手位置，車毛邊繡，剪下內框後裝上持手。

車縫止點
摺3摺
摺2摺

6 縮口布2片，正面相對車縫ㄩ型至止點，其餘部份摺2摺壓線。袋口處摺3摺壓線。

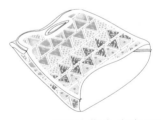

7 將2片袋身表布正面相對，車縫兩側成筒狀，翻至正面。

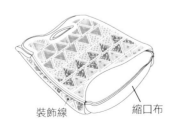
裝飾線　　　縮口布

8 縮口布套入主體內袋，先將側邊的縫份與表袋疏縫固定，左右兩邊各壓一道裝飾線，縫份藏在裝飾線內。

9 底表布舖棉壓線，與表袋身車縫一圈組合，裡袋縫份內滾邊。

10 將2條皮繩於縮口布左右交錯各穿一圈，兩側的尾巴處使用包釦裝飾，完成。

完成尺寸---寬35×高28×底寬16cm

Materials

※數字尺寸已含縫份0.7cm。
紙型如未特別標註則需外加縫份。

前口袋表布A（挺棉＋洋裁襯）	1片	拉鍊擋布	22x5cm（厚襯20x3cm）	4片
側邊表布B（棉＋洋裁襯）	2片	條紋裝飾布	3x165cm	1條
前口袋裡布C	1片	拉鍊	25cm	1條
前表布D（麂皮布＋厚襯）	1片	側邊拉鍊	15cm	2條
前裡布E	1片	前口袋雙開拉鍊	40cm	1條
前裡布F	1片	裡口袋拉鍊	依裡口袋布決定	1條
內裡布G	2片			
裡貼邊（麂皮布）	2片			
裡口袋布（尺寸依個人喜好）	1片			

Steps

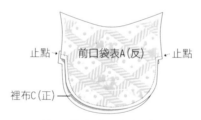

1 前口袋表布A粗裁60×30cm（直裁），加上挺棉和洋裁襯，另裁剪寬3cm條紋布，置於表布間距4cm壓菱格線。再依紙型裁下，縫上燙貼，完成前口袋表布A。

2 前口袋表布A與裡布C正面相對，車圓弧處至止點，翻正，壓一道0.3cm裝飾線。

3 將兩條拉鍊的一邊以珠針固定於裡布C，從A面沿裝飾線再車縫一道固定，C面的拉鍊邊緣以點針縫固定。

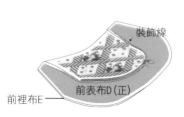

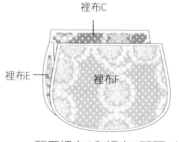

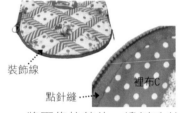

4 拉鍊另一邊與前表布D接合，再與前裡布E正面相對夾車拉鍊，翻正面壓一道裝飾線。

5 翻至裡布C和裡布E那面，放上裡布F，沿裡布F正面相對車縫一圈固定。

6 側邊表布B的兩側，分別與兩片前表布D正面相對，夾車15cm拉鍊的兩側。

7 前、後片表布D依紙型將褶子車固定，正面相對車縫U型，完成表袋身。

8 裡貼邊和內裡布G夾車拉鍊擋布，完成裡袋身，反面相對套入表袋，袋口滾邊一圈，完成。

How To Make

口金零錢包

公主的秘密～經典包組

作品照片 *P.13*

完成尺寸---寬*8*×高*8*×底寬*4cm*

Materials

※數字尺寸已含縫份0.7cm。

袋身表布（棉）	20.5×8.5cm	1片
底表布（麂皮布）	6×8.5cm	1片
袋身裡布	20.5×8.5cm	1片
側表布（麂皮布）	梯型上寬8.5×下寬6×高7.5cm	2片
側裡布	梯型上寬8.5×下寬6×高7.5cm	2片
滾邊布	4×19cm	2片
裝飾斜紋布（壓棉用）	3×50cm	1條
小口金	8cm	1個

Steps

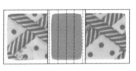

1 袋身表布以寬3cm斜紋布壓棉，底表布置於中心位置，縫份內摺壓條紋線固定。與袋身裡布反面相對，疏縫一圈固定。

2 側表、裡布正面相對車縫上方一道，翻正後車裝飾線。

3 袋身主體布與2片側身布車縫U型組合，兩側以滾邊布包覆滾邊。

4 塞入口金縫合，完成。

How To Make

口金短夾

公主的秘密～經典包組

作品照片 *P.13*

完成尺寸---寬*12*×高*10.5*×底寬*1cm*

Steps

作法請參照P.93的 Pink Lady口金短夾

立體野菊肩揹包

作品照片　*P.14*

完成尺寸---寬*39*×高*26*×底寬*14cm*

Materials

※數字尺寸已含縫份0.7cm。
紙型如未特別標註則需外加縫份。

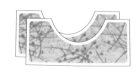
紙型 A

主體表布A（挺棉＋洋裁襯）	1片	奇異襯	3張
上半表布B（厚襯）	2片	綠鐵絲	8根
裡布C	2片	底板 12×35cm	1片
側身表布D（厚襯）	1片	雞眼釦	10組
裡布E 23×28cm	2片	拉鍊 35cm	1條
拉鍊布 5×28cm	1片	圓型活動環	2個
野菊布2色	各6片	提把	1組

裁布

主體表布A×2

裡布C×2

上半表布B×2

側身表布D×1

裡布E×2

野菊布×12

Steps

1 主體表布A加挺棉和洋裁襯，依0.5cm、3cm、0.5cm格紋壓線。

2 請參考P.58的布花製作，完成2朵立體野菊。

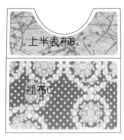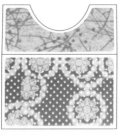

3 上半表布B與裡布C相接，共完成2片。

4 於側身表布D製作一字拉鍊口袋，口袋裡布E需留15cm返口。

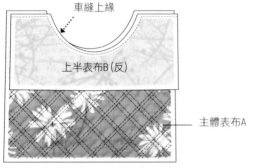

車縫上緣

上半表布B(反)

主體表布A

5 將上半表布B與主體表布A正面相對，車縫上方，止點到止點。

6 上半表布B與裡布C相接，完成兩組，分別與側身表布D兩側相接。

7 依表布A的布料圖案找出適當擺花的位置，打雞眼釦。將立體野菊的鐵絲穿過主體表布A的雞眼釦，反面將鐵絲拉開扭轉，再手縫將鐵絲固定於棉上。

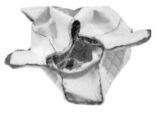

8 側身表布D的側邊與主體表布A的側邊接合，車縫ㄇ型。裡布C正面對摺車縫兩側至止點。

9 從裡布E的返口翻至正面，放入底板，將返口縫合。於主體表布A上方打8組雞眼釦，圓型活動環勾上提把，完成。

森林系拼接水餃包

完成尺寸---寬37×高20×底寬14cm

Materials

※數字尺寸已含縫份0.7cm。
紙型如未特別標註則需外加縫份。

前、後表布（挺棉＋洋裁襯）		各1片
側表布（挺棉＋洋裁襯）		2片
底表布（挺棉＋洋裁襯）	16×9cm	1片
前、後裡布		各1片
側身裡布		2片
裡口袋布	23×35cm	1片
滾邊布	3.5×90cm	1條
袋口處拉鍊	40cm	1條
裡口袋拉鍊18cm		1條
皮手把		1組

織 圖

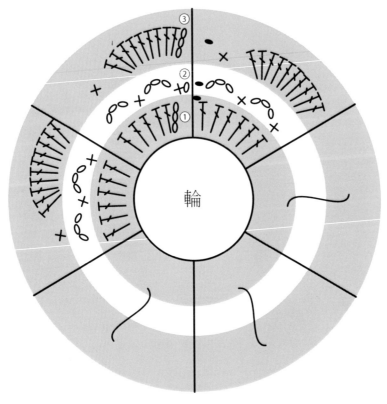

Steps

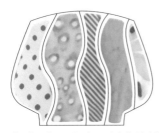

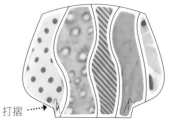

※曲線拼接壓棉
請參考P.50的拼
接技法。

1 粗裁5色配色布，以曲線拼接完成整片。鋪上挺棉和洋裁襯後以自由曲線壓線，依紙型裁剪，完成前表布。後表布作法相同。

打摺⋯⋯➤

2 前、後表布依紙型記號打摺。

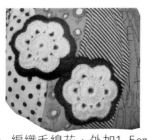

3 編織毛線花，外加1.5cm裁剪羊毛不織布，以藏針縫固定於前表布，再將毛線花手縫固定其上。

側表布　　底表布

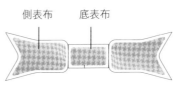

4 將側表布與底表布相接，完成側身主體。

5 側身主體與前、後表布各自相接車縫凵型，完成表袋身。於底表布釘上金屬釘腳。

6 於裡布製作一字拉鍊口袋，並同表袋身作法完成裡袋身。

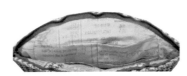

7 表、裡袋反面相對套入，疏縫袋口一圈，並以滾邊布滾邊，在將拉鍊縫於裡袋滾邊處。

8 可於拉鍊頭綁上裝飾。

9 縫上提把，並以裝飾包釦將裡袋手把縫合處遮住，完成。

Dessert！午茶時光夾層包 作品照片 *P.18*

完成尺寸---寬*33*×高*28*×底寬*5cm*

Materials

※數字尺寸已含縫份0.7cm。
紙型如未特別標註則需外加縫份。

紙型 B

前表布A（厚襯）		1片	裡布E		2片
貼邊布B（厚襯）	26.5×9cm	2片	雞眼釦	13mm	4組
裡布C1（厚襯）		2片	雞眼釦	28mm	8組
裡布C2（厚襯）		2片	活動圓型環		2個
夾層貼邊布D（厚襯）		2片	活動提把		1組

Steps

1 貼邊布B與裡布C1相接，縫份倒向C1，正面壓裝飾線，共完成2片。

2 夾層貼邊布D與裡布C2相接，縫份倒向C，正面壓裝飾線，共完成2片。

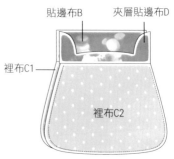

3 BC1與DC2正面相對，車縫下緣凵型固定。

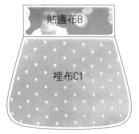

4 夾層貼邊布D上緣的ab止點，與表布A對齊，正面相對，從止點a車縫到止點b。

5 夾層貼邊布D與裡布E夾車拉鍊。

6 兩片裡布E留返口車縫三邊接合，打底角。

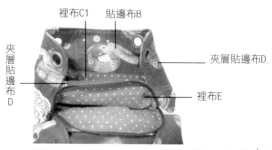

7 兩片裡布C2接合。將翻回正面，在袋口拉鍊處壓0.5cm裝飾線，返口藏針縫。於記號處打上雞眼釦，完成主體。

 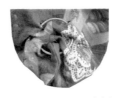

8 兩片表布A正面相對，車縫ㄩ型接合，翻至正面。側身的13mm雞眼釦裝上活動圓型環。貼邊布B依記號安裝上磁釦。

9 於表布A記號處打上28mm雞眼，裝上活動提把，完成。

How To Make

極簡風～
率性女孩的工作包

作品照片 *P.20*

完成尺寸---寬 *8*×高 *20*×底寬 *20cm*

紙型 B

Materials

※紙型如未特別標註，則需外加縫份0.7cm。

前表布（棉＋胚布）	1片
後表布（棉＋胚布）	3片拼接
前、後裡布	各1片
口袋蓋子表布	3片拼接
口袋蓋子裡布	1片
前口袋表布	3片拼接
前口袋裡布	1片
後口袋布	1片
拉鍊30cm	1條
皮手把（含皮片、圓型環）	1組
書包釦	1組

Steps

前表布　　　　　後表布

1 前表布車壓雙格紋線。後表布依紙型裁剪3片，鋪棉壓線，連同後口袋夾車拼接。

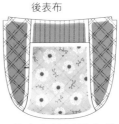

口袋蓋子表布　　　口袋蓋子裡布

打摺位置

前口袋表布　　　前口袋裡布

2 前口袋表布裁兩色布料3片拼接，表、裡布正對車縫留返口翻正，蓋子作法相同。打底角，依紙型虛線打摺，車縫於表布。

3 前、後表布正面相對車ㄩ型，裡布亦同但留一返口。表、裡袋身於袋口處夾車拉鍊兩側，由裡袋返口翻正。

4 釘上皮片鉚釘，裝上皮手把，縫上書包釦，完成。

英倫輕巧三用包

完成尺寸---寬35×高30×底寬25cm

紙型 B

Materials

※數字尺寸已含縫份0.7cm。
紙型如未特別標註則需外加縫份。

前、後表布A（挺棉＋胚布）	各1片	拼布拉鍊（裡袋用）	18cm	1條
側表布（挺棉＋胚布）	2片	塑鋼拉鍊（表袋用）	45cm	2條
前口袋B表、裡布（挺棉＋胚布）	各1片	塑鋼拉鍊（表口袋用）	30cm	1條
袋身裡布	4片	織帶	5cm	6條
底表布	33.5×18cm 1片		120cm	2條
兩側拉鍊擋布（厚襯）	47×5cm 2片	D型環		6個
中間拉鍊擋布（厚襯）	47×5.5cm 1片	手提皮把		2尺
前口袋拉鍊擋布（厚襯）	10.5×3cm 4片			
滾邊（出芽）布	3×220cm 1片			
出芽用蠟繩	215cm 1條			

Steps

製作前口袋

1 前口袋表布鋪棉壓格紋線。

2 前口袋拉鍊檔布夾車30cm拉鍊的兩側，翻至正面。

3 製作出芽滾邊，車縫於口袋拉鍊的一側。

4 前口袋拉鍊與前口袋表布正面相對，車縫U型固定。

裡布滾邊

5 將裡布縫份滾邊，完成前口袋。

側表布
固定拉鍊
前口袋

6 側表布鋪棉壓條紋線，再將前口袋車縫固定於紙型記號位置。

製作表袋身

7 前、後表布鋪棉壓格紋線，車縫出芽滾邊。

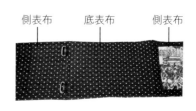

側表布　　底表布　　側表布

8 底表布鋪棉壓條紋線，與2片側表布接合，其中1片夾車織帶釦環。

製作裡袋身

9 前、後表布與表側身接合，完成表袋身。

10 可依個人喜好，於裡布製作一字拉鍊口袋或貼式口袋。

兩側拉鍊擋布A

裡布a

11 兩側拉鍊擋布A，與裡布a夾車上側拉鍊，翻開。

裡布b

中間拉鍊擋布

兩側拉鍊擋布A

裡布a

12 中間拉鍊擋布與裡布b夾車拉鍊另一邊，翻開。

裡布d

裡布c

兩側拉鍊擋布B

中間拉鍊擋布

兩側拉鍊擋布A

裡布b

裡布a

13 將裡布a、b正面相對翻至同一側。中間拉鍊擋布與裡布c夾車另一條拉鍊，翻開。兩側拉鍊擋布B與裡布d夾車拉鍊另一側，翻開。

裡袋cd

裡袋ab

14 裡布a、b對齊，c、d對齊，於a、b留返口，車縫ㄩ型並打底角，完成兩層的裡袋身。

15 將手提皮把裁半，對彎車縫固定於側表布。車縫固定織帶。

16 將表袋身與裡袋身的拉鍊擋布正面相對，車縫一圈固定。翻正後將返口縫合，完成。

How To Make
海洋風多層口袋包

紙型
C

作品照片　*P.24*

完成尺寸---寬*38*×高*41*×底寬*11cm*

Materials

※數字尺寸已含縫份0.7cm。
紙型如未特別標註則需外加縫份。

前表布		1片	
紅色羊毛布		1片	
白色羊毛布		1片	
一字拉鍊口袋布	25×35cm	1片	

後表布上片（厚襯）	1片
後表布下片（厚襯）	1片
後口袋布（厚襯）	1片

袋蓋表布（厚襯）		2片
外側口袋布	20×38cm（燙半襯）	2片

側表布（厚襯）		正反各2片
底表布	34.5×13.5cm	1片
（特殊襯）	33×12cm	1片
前裡布（厚襯）		1片
後裡布（厚襯）		1片
側裡布		1片
內裡滾邊布	4.5×92cm	1條
袋口滾邊布	4.5×12cm	1條
上方口環布		2片
側邊口環布		正反各2片
織帶	90cm	2條
前口袋拉鍊	20cm	1條
後表布拉鍊	35cm	1條

Steps

裝飾線

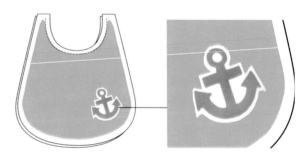

1 **製作袋蓋：**袋蓋2片正面相對，周圍車縫一圈，翻回正面壓裝飾線。

2 依紙型裁剪紅、白羊毛布，以點針縫將紅色羊毛布縫在白色羊毛布上，輪廓須留白0.5cm，車縫固定於袋蓋。

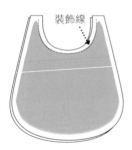

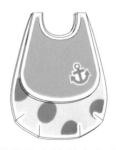

3 前表布開一字拉鍊口袋，打摺，與前裡布反面相對疏縫固定。

4 袋蓋固定於前表布上緣，車縫圓弧處。

5 **製作立體口袋：**將後口袋布對摺，留返口車縫ㄇ型，翻回正面車裝飾線，將兩側摺入2cm壓0.5cm山線，車縫於後表布下片。

76

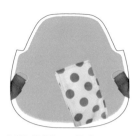

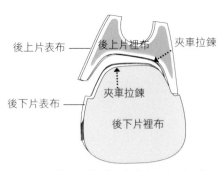

6 **製作側邊口環布**：5cm長的織帶套入3cm口環車縫，完成2組。口環布正反2片，正面相對上方1cm縫份往外摺，車弧線處。翻正，套入織帶車0.2cm固定，車於後表布下片。

7 後表布上片與裡布夾車35cm拉鍊一側，後下布表片與裡布夾車拉鍊另一側。

8 側邊表布正反各1組，正面相對於中心相接處接合。

9 外側口袋燙一半厚襯，對摺，留返口車縫冂型，翻至正面車裝飾線，下緣車2cm褶子。固定於側邊表布。

10 底表布燙上特殊襯（壓橫線），側邊表布與底表布相接，縫份倒向底表布車裝飾線。

11 側身表、裡布正面相對，夾車前表布（前表布與側表布正面相對）。側身另一邊與後表布正面相對車縫，以內裡滾條包住縫份滾邊，完成主體。

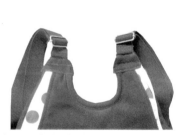

12 口環布正面對摺車縫兩側，翻回正面，縫份內摺套入主體袋上緣，車壓0.2cm裝飾線，再套入3cm口環反摺，壓0.2cm固定。於袋口上緣弧口處包滾邊。

13 將織帶車縫成後背帶，完成2組。裝上單提把，完成。

How To Make
麂皮の華麗感！袋蓋變化包組

湖の綠小提包

作品照片 *P.26*

完成尺寸---寬*26*×高*18*×底寬*8cm*

Materials

※數字尺寸已含縫份0.7cm。
紙型如未特別標註則需外加縫份。

紙型 *C*

上蓋布A（厚襯）		2片
上蓋布B（厚襯）		2片
表袋布（棉＋洋裁襯）		1片
裡袋布		1片
口袋布	20×20cm	2片
滾邊布	6×35cm	1條
裡口袋拉鍊（古銅）	15cm	1條
表口袋拉鍊（塑鋼）	15cm	1條
裡布拉鍊（塑鋼）	25cm	1條
上蓋拉鍊（塑鋼）	30cm	1條

皮手把	1組
磁釦	1組
裝飾皮片	1個

裁 布

上蓋布A×2

上蓋布B×2

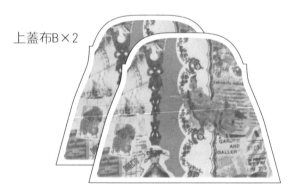

表袋布×1

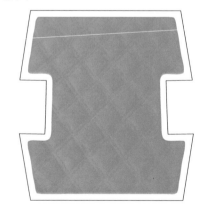

裡袋布×1

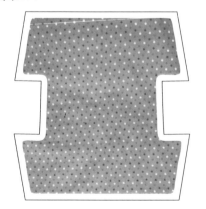

Steps

1 粗裁麂皮布40×40cm，鋪棉和洋裁襯，車壓雙格紋線，並依紙型裁剪表袋布。

2 於表袋布的後片位置開15cm拉鍊口，與口袋布正面相對車縫ㄩ型，剪牙口翻回正面，先壓0.5cm裝飾線，放上表口袋拉鍊，再壓一道0.3cm。

3 於表袋布的前片位置滾邊，沿滾邊邊緣壓0.2cm裝飾線。

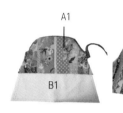

4 上蓋A、B各1片，夾車上蓋拉鍊的兩邊。

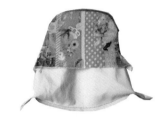

5 兩片上蓋B正面相對車縫型，打底角5cm。

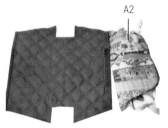

6 上蓋B先摺好，將上蓋A2與表袋布後片位置（開拉鍊處）正面相對車縫，翻正後縫份倒上壓0.2cm裝飾線。

7 表袋布前片（滾邊條位置）與裡袋布夾車裡布拉鍊的一邊。

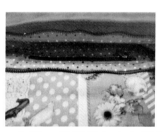

8 上蓋A1與裡袋布夾車裡布拉鍊的另一邊。

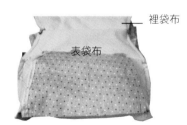

9 表袋布正面相對，車縫兩側，打底角。

10 裡袋布正面相對，留一返口車縫兩側，打底角。

11 從裡袋返口翻至正面，以藏針縫將返口縫合，袋蓋縫上磁釦，完成。

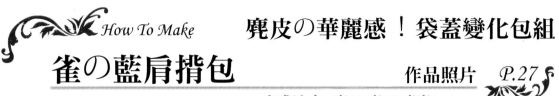

How To Make

麂皮の華麗感！袋蓋變化包組

雀の藍肩揹包

作品照片　*P.27*

完成尺寸---寬*38*×高*27*×底寬*11.5cm*

紙型
C

Materials

※數字尺寸已含縫份0.7cm。
紙型如未特別標註則需外加縫份。

袋蓋表布A（厚襯）		2片
袋蓋表布B（厚襯）		2片
袋身表布（麂皮布＋厚襯）		2片
袋底表布（麂皮布＋挺棉＋胚布）		1片
袋身裡布（厚襯）		2片
拉鍊（塑鋼）	30cm	1條
書包釦		1組
皮手把（含圓型環、皮片扣拌）		1組
雞眼釦		2組

裁布

袋蓋表布A×2

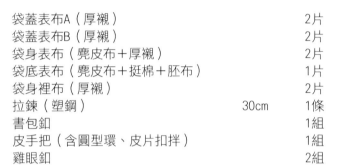

袋蓋表布B×2

袋底表布×1

袋身表布（麂皮布）×2

袋身裡布×2

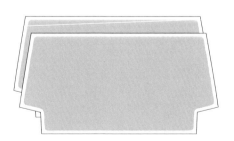

Steps

1 袋底表布舖棉壓菱格線。

2 袋身表布依紙型打摺。

袋蓋表布A(正)　壓裝飾線

袋身表布

3 袋蓋表布A兩片，與袋身表布車縫一道固定，翻正壓裝飾線。

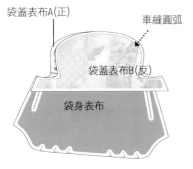

袋蓋表布A(正)　車縫圓弧
袋蓋表布B(反)
袋身表布

4 袋蓋表布A和B正面相對，車縫上緣圓弧（連同袋身表布上緣兩端），翻正壓裝飾線。

5 袋身裡布兩片，與袋蓋表布B兩片，分別夾車拉鍊兩側，裡布留返口車縫ㄩ型組合，打底角。

6 袋身表布正面相對車縫兩側組合，並將袋底表布車縫組合於下緣一圈。

雞眼釦　袋蓋表布A(後袋)　雞眼釦
袋蓋表布B(前袋)

7 前面的袋蓋往下摺2cm，打雞眼釦。

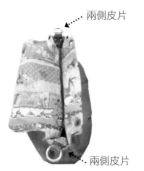

兩側皮片
兩側皮片

8 袋身兩釘上皮片和活動圓型環。

9 裝上皮手把，縫上書包釦，完成。

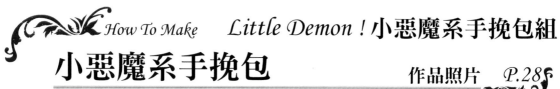

小惡魔系手挽包

作品照片　*P.28*

完成尺寸---寬*32*×高*34*×底寬*12cm*

Materials

※數字尺寸已含縫份0.7cm。
紙型如未特別標註則需外加縫份。

紙型
A

前片表布配色布	依紙型尺寸粗裁	5色各1片
後片表布		1片
表布棉＋表布洋裁襯	依紙型尺寸粗裁	2片
裡布上片（厚襯）		2片
裡布下片（厚襯）		2片
口袋布	20×30cm	2片
裡袋拉鍊（塑鋼）	30cm	1條
口袋拉鍊（塑鋼）	15cm	2條
立體水晶貼飾		1個
水兵帶		1條
蕾絲		1條
小判持手		1組
活動圓型環		2個
鎖鍊皮手把		1條
雞眼釦	直徑1.2cm	4組

裁布

前片表布紙型示意

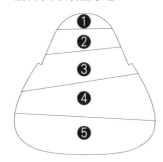

前片表布5色粗裁

❶ ×1

❷ ×1

❸ ×1

❹ ×1

❺ ×1

裡布上片×2

裡布下片×2

後片表布×1

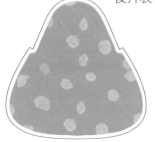

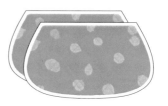

Steps

製作前片表布

1 前片表布依紙型拼接，置於棉&洋裁襯上壓線，依紙型裁下。

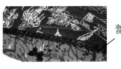

水兵帶

蕾絲

2 車縫上蕾絲和水兵帶裝飾。

製作後片表布

3 後片表布依紙型粗裁，置於棉&洋裁襯上壓線，依紙型裁下。

4 後片表布製作一字拉鍊口袋。前、後片表布皆依紙型的摺子記號打摺（由中心往外）。

製作裡袋

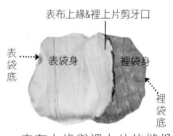

裡下片(前)

裡下片(後)

5 裡下片製作一字拉鍊口袋。上下片正面相對夾車拉鍊兩側。前、後片裡布皆依紙型記號打摺（由外往中心）。

6 2片裡布上片分別與表布正面相對，車縫上緣弧線至止點。

組合

車縫下緣

表布(反)

7 表布正面相對，車縫下緣至拉鍊止點，完成表袋身。裡下片亦同，但留一返口。

表布上緣&裡上片剪牙口

表袋底

表袋身

裡袋身

裡袋底

8 表布上緣與裡上片的縫份處剪牙口。

9 由裡袋返口翻至正面，袋口處壓0.5cm裝飾線，於持手位置車毛邊繡，剪下內框。

10 裝上小叛持手，於袋身兩側打4組雞眼釦，勾上活動圓型環和鎖鍊皮手把，完成。

小惡魔系手提方包

作品照片　P.29

完成尺寸---寬38×高36×底寬6cm

Materials
※數字尺寸已含縫份0.7cm。
紙型如未特別標註則需外加縫份。

紙型 D

表布A（棉）	2片	袋身裡布	2片
表布上貼邊B（棉）	2片	裡袋中間夾層布	2片
外口袋裡布C	2片	裡布上貼邊（厚襯）　36×6cm	2片
外口袋表布D（舖棉翻車）	2片	夾層拉鍊口布（厚襯）　32×6cm	1片
外口袋裡上片E	2片		
外口袋裡下片F	2片	夾層拉鍊　25cm	2條
		小判持手	1對

裁布

表布A×2

表布上貼邊B×2

外口袋裡布C×2

外口袋表布D×2
（舖棉翻車，拼接完成整片）

外口袋裡上片E×2

袋身裡布×2

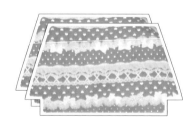

裡袋中間夾層布×2

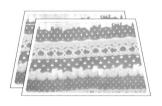

外口袋裡下片F×2

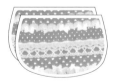

裡布上貼邊×2

夾層拉鍊口布×1

Steps

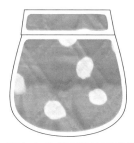

1 外口袋表布D舖棉翻車拼接,外口袋裡上片E和裡下片F
拼接組合。表、裡正面相對車縫上緣,翻正壓裝飾線,
下緣疏縫U型固定。裝上小判持手,完成外口袋主體。

2 表布上貼邊B與外口袋裡布C
接縫。

表布上貼邊B

外口袋裡布C

表布A

裡布上貼邊

袋身裡布

3 將步驟1的外口袋主體置於
BC上,疏縫下緣固定。

4 再與表布A組合,完成前後主
體表布。兩片表A正面相對車
縫U型,完成表袋身。

5 裡布上貼邊與袋身裡布夾
車拉鍊一側。

裡布上貼邊

袋身裡布

夾層拉鍊口布

裡袋中間夾層布

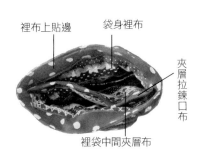

裡布上貼邊　　袋身裡布

夾層拉鍊口布

裡袋中間夾層布

6 夾層拉鍊口布與裡袋中間夾
層布,夾車拉鍊另一側。另一
邊作法相同(袋身裡布+拉
鍊+裡袋中間夾層布)。

7 兩片袋身裡布和兩片中間夾
層布對齊下緣,車縫一道固
定。兩片袋身裡布拉齊,留
一返口車縫兩側,打底角。
表、裡袋正面套車袋口,翻
正壓裝飾線。

8 完成。

海棠花の旅行包

作品照片　P.30

完成尺寸---寬38×高20×底寬20cm

Materials

※數字尺寸已含縫份0.7cm。
紙型如未特別標註則需外加縫份。

紙型 B

袋身表布（棉＋胚布）		2片	拉鍊貼邊布　4×52cm　2片
側表布（棉＋胚布）		2片	雙開拉鍊（塑鋼）　40cm　1條
底表布（棉＋胚布）	12×33cm	1片	織帶　40cm　2條
袋身裡布	42×52cm	2片	皮片扣絆（含鉚釘）　2組
			活動圓型環　2個
			單提把＆雙提把（含皮片）　各1組

Steps

1 袋身表布舖棉壓雙菱格線，依紙型裁剪。

2 側表布舖棉壓雙菱格線，依紙型裁剪。底表布舖棉，車壓橫條線。

3 拉鍊貼邊布與袋身裡布正面相對，夾車拉鍊。兩側作法相同。

4 拉鍊貼邊布未車縫的另一側，與袋身表布正面相對車縫，翻正後於拉鍊貼邊布的邊緣0.2cm壓兩道裝飾線。

5 袋身表布依紙型記號，車縫打摺。

6 織帶依紙型記號反摺，車縫固定於側表布，再與底表布相接。

7 袋身表布與側身車縫一圈組合，裡布車縫組合留返口，打12cm底角。

8 於表袋身適當位置釘上釘釦母釦，依P.59製作布花（加公釦），側身裝上皮片扣絆和活動圓型環，完成。

How To Make

壓棉の萬用隨興包

作品照片 *P.32*

完成尺寸---寬*40*×高*25*×底寬*27cm*

紙型
D

Materials

※數字尺寸已含縫份0.7cm。
紙型如未特別標註則需外加縫份。

袋身表布A（棉＋洋裁襯）		2片	拉鍊	30cm	1條
底表布B（棉＋洋裁襯）		2片	底板		1片
拉鍊擋布（厚襯3.5×24cm）	5×25.5cm	4片	織帶提把		1組
袋身裡布		2片			
底裡布		1片			

裁布

袋身表布A×2

底表布B×2

袋身裡布×2

底裡布×1

Steps

格紋壓線　　直條壓線

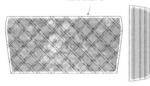

1 袋身表布A和底表布B粗裁，鋪棉並燙洋裁襯，依紙型記號壓線，A和B皆製作兩片。

褶子對齊相接

2 將2片袋身表布A分別與底表布B車縫相接，褶子處對齊，縫份倒向袋身表布A車壓裝飾線。

3
參考P.52製作裡布口袋（可依個人喜好）。
參考P.56製作拉鍊擋布。

兩片袋身裡布側邊相接，與底裡布車縫一圈接合，預留25cm返口，完成裡袋身。

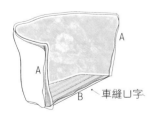

A
A
B　車縫∪字

4 完成2片主體布，沿接合，∪字型邊緣，正面相對車縫組合（A到B到A），縫份燙開，左右各車壓0.5cm裝飾線。

5 將表、裡袋身正面相對套入，夾車織帶提把，翻正將返口藏針縫，完成。

87

Rose Quilting ! 絢彩玫瑰包 作品照片 *P.34*

完成尺寸---寬*40*×高*37*×底寬*17cm*

Materials ※數字尺寸已含縫份0.7cm。
紙型如未特別標註則需外加縫份。

紙型 C

前片表布A（主裁片）	10片	袋口拉鍊（塑鋼）	40cm	1條
前片表布A（玫瑰裁片）	15片	袋口夾克拉鍊	35cm	1條
後片表布A	1片	皮手把		1對
底表布	1片	單把皮手把		1條
袋口拉鍊布B	4片	織帶	31cm	2條
袋身裡布	2片	三角金屬環	3.3cm	2個
		滾邊皮繩	32cm	1條
		底腳釘鈕		4個

裁布

前片表布A（主裁片）×10

前片表布A（玫瑰裁片）×15

袋口拉鍊布B×4

後片表布A×1

袋身裡布×2

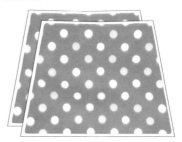

底表布×1

Steps

1 剪一片約表A紙型大的棉,背面燙上洋裁襯,在棉上做瘋狂拼布翻車,貼枝葉。

2 依P.55的局部裝飾技法,將玫瑰的枝葉以貼布縫縫上,並壓上葉脈。

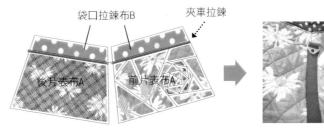

袋口拉鍊布B　　夾車拉鍊

後片表布A　　前片表布A

3 後片表布A加上洋裁襯舖棉,壓3cm菱格線。

4 前、後表布A與袋口拉鍊布B夾車拉鍊,縫份倒向袋身壓裝飾線,表A打摺子,袋身兩側相接。將織帶套入三角環,摺入3cm固定三角環,將織帶車在側邊。

5 底表布舖棉加洋裁襯,滾上出芽一圈,與表袋身下緣正面相對接縫一圈,翻正。

6 表布A往下加9cm,為裡布尺寸,兩片留返口車縫ㄩ型打底18cm。表、裡袋正面套車,翻正。

7 從返口翻回正面,上方袋口處(袋口拉鍊布表B)車35cm拉鍊,縫上提把完成。

巴梨時尚肩背包

作品照片　*P.36*

完成尺寸---寬*35*×高*26*×底寬*12cm*

紙型 D

Materials

※數字尺寸已含縫份0.7cm。
紙型如未特別標註則需外加縫份。

袋身表布A（棉）	1片	雞眼釦	直徑4.7cm	4組
外口袋上片表布B（棉）	2片	皮手把		1對
外口袋下片表布B（棉）	1片	底板	依底表布尺寸	1片
外口袋上片裡布C	1片	拉鍊（塑鋼）	25cm	1條
外口袋下片裡布C	1片	外口袋拉鍊（塑鋼）	20cm	1條
外口袋裡布D	1片	皮片裝飾		1個
側身表布	左右各2片			
底表布	1片			
袋身裡布	2片			
裡袋身上貼邊	2片			
拉鍊口布（厚襯） 20.5×5cm	表裡各2片			

裁 布

袋身表布A×1

外口袋上片表布B×1

外口袋下片表布B×1

底表布×1

外口袋上片裡布C×1

外口袋下片裡布C×1

外口袋裡布D×1

側身表布左右各×2

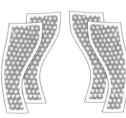

袋身裡布×2

拉鍊口布表裡各×2

裡袋身上貼邊×2

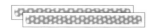

90

袋身表布A　　外口袋下片表布B　　外口袋上片表布B

1 袋身表布A與外口袋下片表布B，舖棉後車壓橫條紋線後，皆依紙型打摺。外口袋上片表布B也舖棉壓橫條紋線。

2 外口袋上片裡布C與上片表布B正面相對，車縫下方一道翻正。

3 外口袋下片裡布C依紙型打摺，與外口袋下片表布B正面相對，夾車拉鍊一側。翻正後背面相對，沿拉鍊車縫處0.2cm車裝飾線，並疏縫下緣U型固定。

4 將步驟2完成的上片蓋上（依紙型記號），車縫一道固定於拉鍊另一側的位置。

5 翻正裡布那一面，將外口袋裡布D正面相對擺上，疏縫U型固定。再於步驟4的車縫位置，於上片表布再車縫同一道線固定。

6 前袋身表布A與後袋身主體，皆與側身表布車縫組合兩側，完成表袋身。

7 底表布舖棉壓格紋線，加上硬底膠板（縫合固定於底表布），與表袋身底部正面相對車縫一圈組合。

拉鍊口布　　裡袋身上貼邊

袋身裡布

8 製作拉鍊口布。將拉鍊口布夾車於裡袋身上貼邊和袋身裡布中間，兩側作法皆同。

9 袋身裡布正面相對，留一返車縫凵型，打底角，完成裡袋身。

10 表、裡袋身正面套車袋口一圈，翻正將返口縫合，打上雞眼釦，裝上皮手把，側身縫上磁釦，完成。

巴梨時尚雙開化妝包

作品照片 *P.37*

完成尺寸---寬*16*×高*9*×底寬*7cm*

Materials

※數字尺寸已含縫份0.7cm。
紙型如未特別標註則需外加縫份。

紙型
D

袋身前後表布（棉）		1片	拉鍊口布	4×23cm	4片
側身表布（棉）	5.5×27cm	2片	塑鋼拉鍊	20cm	2條
袋身前後裡布	12×17cm	2片	皮手把		1組
裡夾層布（厚襯）	12×17cm	2片	緞帶	4cm	1條
側身裡布	5.5×27cm	2片	D型環		1個

Steps

1 袋身前後表布舖棉，依紙型記號打摺。

2 側身表布舖棉，中心線以針車花樣壓一道裝飾。

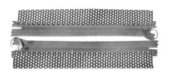

3 4片口布分別夾車兩條拉鍊的左側，相反方向放置備用（如圖示）。

4 側身表、裡布正面相對，夾車拉鍊口布兩側，翻正成一圈側身主體，共完成兩組。

5 完成的側身主體與袋身前、後表布正面相對，車縫一圈組合，共完成兩組。

6 取一緞帶套入D型環，固定於側身表布（距拉鍊接縫處約1cm位置）。

7 將側身壓平，袋身裡布正面蓋上，車縫一圈留返口翻正，共完成兩組。

8 兩組主體的袋身表布正面相對，以兩片裡夾層布正面相對夾車拉鍊另一側（底留返口），翻正後將返口縫合。

9 裝上皮手把，完成。

Pink Lady 口金短夾   作品照片 *P.39*

完成尺寸---寬 *12* ×高 *10.5* ×底寬 *1cm*

Materials

※數字尺寸已含縫份0.7cm。

表布	23×12cm	1片	兩側夾層	14×17cm	2片
裡布	23×12cm	1片	厚襯（卡夾）	12×5cm	4片
卡片夾層	12×12cm	4片	厚襯（拉夾）	11×14cm	1片
拉鍊夾層	11×16cm	2片	厚襯（中夾）	11×7.5cm	1片
中間夾層	11×17cm	1片	厚襯（側夾）	14×7.5cm	2片
			口金	12cm	1個

Steps

1 以滾邊條車壓製作表布。

2 卡片夾層對摺，單邊車縫，翻至正面，壓上0.2裝飾線，共製作4片。

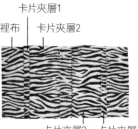

3 將卡片夾層放置於裡布上，將4片先後固定。再將表、裡布正面相對車縫上下（口金處）兩道，翻正後疏縫兩側。

4 拉鍊夾層與8cm拉鍊夾車完成。（中間夾層對摺單邊車縫，翻至正面上下壓上0.2裝飾線）。

5 兩側夾層對摺車縫，翻至正面，上下壓上0.2cm裝飾線，使用骨筆摺好山谷線位置做出。（摺山谷尺寸3/2/2/2/2/3）

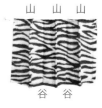

6 依照記號反覆摺好，山線處需另外分別壓0.2裝飾線。

7 放至袋身距中心點1cm處先固定（三摺處朝內側）。

8 兩側車上滾邊，再將拉鍊與中層夾層布夾車在兩側。

9 縫上口金與燙貼，完成。

Pink Lady 拉鍊長夾 作品照片 *P.39*

完成尺寸---寬*22*×高*11*×底寬*2cm*

紙型 C

Materials

※數字尺寸已含縫份0.7cm。
紙型如未特別標註則需外加縫份。

主體表布（棉＋胚布）	依紙型	1片
主體裡夾層布（洋裁襯）	23×85cm	1片
拉鍊夾層表布	20×58cm	1片
拉鍊夾層裡布	20×20cm	1片
側邊夾層表布（洋裁襯半襯）	20×14cm	2片
側邊夾層裡布（洋裁襯半襯）	20×14cm	2片
主體拉鍊（塑鋼）	30cm	1條
夾層拉鍊（古銅）	18cm	1條
裝飾麂皮布		1片
裝飾燙貼		1個

裁布

主體表布×1

側邊夾層表裡布×2

主體裡夾層布×1（山谷線示意）

11　4.5　6　4.5　6　4.5　6　　6　4.5　6　4.5　6　4.5　11

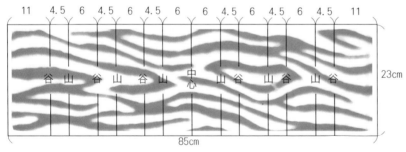
谷　山　谷　山　谷　山　中心　山　谷　山　谷　山　谷

23cm

85cm

側邊夾層表裡布×2

拉鍊夾層表布×1（山谷線示意）

8　4.5　6　4.5　6　　6　4.5　6　4.5　8

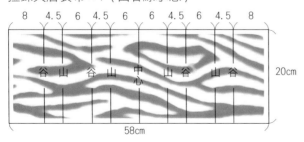
谷　山　谷　山　中心　山　谷　山　谷

20cm

58cm

拉鍊夾層裡布×1

Steps

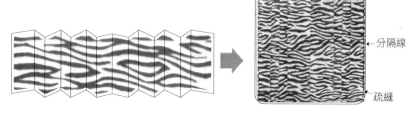

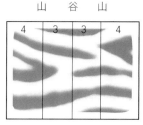

→ 分隔線

→ 疏縫

1 將3cm滾條壓在主體表布上（表＋棉＋洋裁襯）距4cm，依紙型裁剪。

2 主體裡夾層布依尺寸以骨筆將山谷線摺好，山線處車上0.2cm裝飾線。放至表布背面，於中心處車上分隔線，並疏縫一圈固定。

山 谷 山

4	3	3	4

3 拉鍊夾層表布同樣依照尺寸車好山線，完成後尺寸應為20×20cm（多餘的尺寸請裁掉）。與另一塊拉鍊夾層布正面相對，夾車18cm拉鍊，翻至正面，在中心處壓一道分隔線。

4 兩側夾層對摺車單邊，翻至正面，兩側壓上0.2cm裝飾線，依尺寸4/3/3/4摺好山谷線（山線處壓上0.2cm裝飾線）。

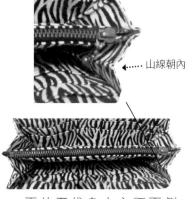

····▶ 山線朝內

5 再放至袋身中心距兩側0.5cm處先固定上（山線處朝內側）。

6 袋身車上滾邊，完成再夾車拉鍊夾層。沿滾邊內裡處縫上40cm塑鋼拉鍊。並將燙貼熨燙於麂皮布，與後背布翻車，暗針縫固定，完成。

Pink Lady！粉紅佳人童話包組

Pink Lady 兩用大包 作品照片 *P.38*

完成尺寸---寬*42*×高*33*×底寬*18cm*

Materials

※數字尺寸已含縫份0.7cm。
紙型如未特別標註則需外加縫份。

紙型 D

側邊表布（棉）		2片	
側口袋A（厚襯）		2片	
側口袋B（厚襯）		2片	
底表布（棉）	18×34cm	1片	
袋身表布（棉）		2片	
袋身裡布		2片	
側邊裡布（依完成的表側身裁剪）		1片	
內側口袋（裡）		4片	
拉鍊口布	7×38cm	4片	
（厚襯）	5×36cm	4片	

滾邊條（斜布）	3×320cm	1條
包繩滾邊（布＋棉繩）	80cm	2條
拉鍊（塑鋼）	40cm	1條
裡袋拉鍊（塑鋼）	20cm	2條
裝飾皮片		1個
蕾絲織帶	3×130cm	1條
口型環	寬3.5cm	2個
口型環	寬2.7cm	4個
皮片（含鉚釘）		4組
皮手把		1對

裁布

側邊表布×2

袋身表布×2

袋身裡布×2

側口袋A×2　　側口袋B×2

側邊裡布×1　　（依完成的表側身裁剪）

底表布×1

拉鍊口布×4

內側口袋（裡）×4

Steps

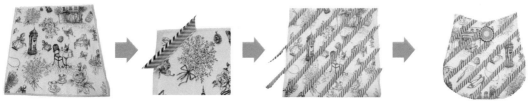

1 袋身表布先粗裁,使用3cm斜裁滾條,壓在表布上(表+棉+洋裁襯),依紙型裁剪。縫上燙貼。

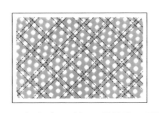

2 底表布+棉+洋裁襯,壓菱格2cm。

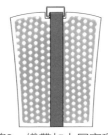

3 將3cm織帶加上口字環,固定在側邊表布中心線位置。

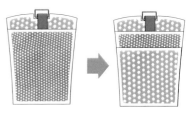

4 再將兩層側口袋A、B先後車上(裝飾燙貼要先燙在口袋A上)。

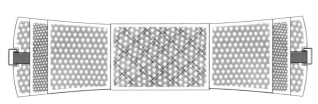

5 再與底表布接縫組合,完成表側身。

6 袋身表布與表側身夾車出芽接縫組合,於底表布釘上腳釘,完成表袋身。

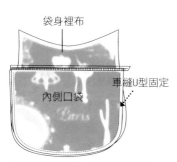

袋身裡布

內側口袋

車縫U型固定

7 裡布內側口袋2片夾車拉鍊,共完成2組。再放至袋身裡布車縫U型固定。再與側身裡布接縫,完成裡袋身。

8 表、裡袋身背面相對套入,袋口疏縫,車上拉鍊擋布,再縫上前後兩條滾邊和4組皮片。於側身縫上織帶背帶,裝上提把,完成。

How To Make

La Petie Starlette ~
香榭明星小包

作品照片　*P.40*

紙型 B

完成尺寸---寬*35*×高*20*×底寬*29cm*

Materials

※數字尺寸已含縫份0.7cm。
紙型如未特別標註則需外加縫份。

袋蓋表布（棉＋胚布）		2片	外口袋表布（棉＋胚布）		2片
袋蓋裡布		2片	外口袋裡布		2片
袋蓋滾邊布（斜布條）	4.5×33cm	1片	裡口袋布	20×30cm	2片
袋身表布（棉＋胚布）		2片	前口袋拉鍊擋布（厚襯）	10.5×3cm	4片
袋身裡布		2片	包繩（出芽）布	4.5×190cm	1片
側身表布（麂皮布＋棉）		2片	出芽用蠟繩	190cm	1條
側身裡布		1片	織帶	13cm	2條
底表布（棉＋胚布）	26×22.5cm	1片	拉鍊（古銅）	30cm	1條
底裡布	26×22.5cm	1片	裡口袋拉鍊（古銅）	18cm	1條
			口型環	3.5cm	2個
			皮手把		1組

Steps

1 表布＋棉＋胚布，以水兵袋隔6cm壓格紋線。依紙型裁剪袋身表布2片。

2 同袋身表布裁剪袋蓋表布2片。

3 同袋身表布裁剪外口袋表布2片。

4 織帶套入口型環後返摺5cm，於2cm處車縫固定。共完成2個。

5 麂皮布＋棉＋胚布，壓格紋線，依紙型裁剪側身表布2片。依紙型記號將絆帶固定於中心位置。

6 袋蓋表、裡布正面相對車縫上方一道，翻正後壓裝飾線。

7 以滾邊條將圓弧處滾邊，完成袋蓋。

8 將袋蓋與口袋布車縫固定於側身表布上。

9 將袋身表、裡布分別夾車拉鍊的兩側，並於正面壓裝飾線。

10 2片側身表布與底表布車縫組合，縫份倒向底部於正面壓裝飾線。

11 依完整的表側身尺寸，裁剪一片同尺寸的側身裡布，與側身表布背面相對，連同裡布外滾邊一圈。

12 將袋身前後片與側身中心點對齊，表布正面相對，車縫組合一圈。

13 以4.5cm斜布條將裡袋的縫份滾邊。

14 以鉚釘固定皮手把，完成。

懷舊感！美式復古女孩包　作品照片　*P.42*

完成尺寸---寬*39*×高*34*×底寬*11.5cm*

紙型
B

Materials

※數字尺寸已含縫份0.7cm。
紙型如未特別標註則需外加縫份。

表布A（厚襯）		2片	提把織帶布	12×8cm	4片
表布B（厚襯）		2片	提把織帶（寬2.6cm）	40cm	2條
側邊表布C（棉）		2片	斜背織帶（寬2.6cm）	120cm	1條
底表布		1片	側身出芽布	36cm	2片
裡布上貼邊D（厚襯）		2片	棉繩	36cm	2條
袋身裡布	36×60cm	1片			
裡袋貼式口袋布	16×32cm	1片	袋口拉鍊（塑鋼）	30cm	1條
裡袋一字拉鍊口袋布	18×30cm	1片	裡袋拉鍊（古銅）	15cm	1條
蝴蝶結布	35×20cm	1片	D型環	2.5cm	2個
蝴蝶結固定布	8×10cm	1片	口型環	2.5cm	1個
D型環口布	7×10cm	2片	日型環	2.5cm	1個
（厚襯）	5×10cm	2片	D型環問號鉤		2個

裁布

表布A×2

表布B×2

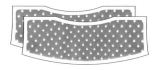

側邊表布C×2

蝴蝶結布×1

裡布上貼邊D×2

袋身裡布×1

 蝴蝶結固定布×1

底表布×1

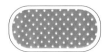

提把織帶布×4

D型環口布×2

100

Steps

1 表布A燙上厚襯,依紙型褶子方向先將褶子車
固定。

2 表A上方與表B接合,縫份
倒向表B壓裝飾線。

車縫   車縫

3 兩片表布A正面相對,車縫兩
側下緣位置,翻正。

4 蝴蝶結布對摺車一道,翻
回正面,縫份放置後中
心,兩側固定在表B布上。
蝴蝶結心對摺車L型,翻回
正面,固定在蝴蝶結上。

5 底表布舖棉壓菱格線,將同
尺寸的底板膠片縫合固定,
底表布與表A正面相對接合
一圈,翻正,釘上腳釘。

出芽止點 ─── 出芽止點

包繩出芽

6 側邊C壓好棉,車上出芽,
於上緣車縫D型環口布。

車縫上緣固定   車縫上緣固定

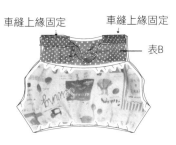

表B

7 提把織帶布左右邊摺入1cm
車0.7固定,對摺套入織
帶,車縫固定於兩片表B的
上緣兩端。

8 上貼邊裡布與袋身裡布夾
車拉鍊,裡側邊接合,留
返口,打底8cm。與表袋正
面套車,翻回正面,袋口
處壓0.5裝飾線,完成。

咕咕貓頭鷹的彎月包

作品照片　*P.44*

完成尺寸---寬*45*×高*29*×底寬*9cm*

紙型 *D*

Materials

※數字尺寸已含縫份0.7cm。
紙型如未特別標註則需外加縫份。

袋身表布		2片	拉鍊口布	30×3.5cm	4片
（棉＋洋裁襯）		2片	（厚襯）	28×1.5cm	4片
袋身裡布		2片	滾邊布	4×85cm	1條
側邊表布		2片			
側邊裡布		1片	側身拉鍊（塑鋼）	40cm	2條
側邊放大布		1片	袋口拉鍊（塑鋼）	35cm	1條
貼式口袋布	25×40cm	1片	裡袋拉鍊（古銅）	20cm	1條
（厚襯）	25×40cm	1片	拉鍊裝飾皮片		1個
拉鍊口袋布	25×40cm	1片	活動圓型環	直徑3.8cm	2個
羊毛不織布	依紙型	數色	皮片釦絆(含鉚釘)		2組
（依樹枝、樹葉、貓頭鷹）			皮手把		1條
			貓頭鷹眼睛裝飾釦		2顆
			別針		1個

裁布

袋身表布紙型示意

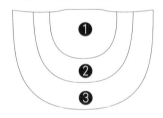

❶
❷
❸

袋身表布3色依紙型裁剪

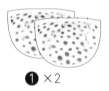

❶×2

❷×2

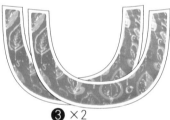

❸×2

側身表布（麂皮布）×2

側身放大布（麂皮布）×1

袋身裡布×2

側身裡布×1

葉子×6

樹枝×1

貓頭鷹紙型示意

羊毛不織布（依圖案）×數色

頭部&嘴各×1

身體×1

眼睛(大&小)各×2

爪子×4

翅膀左右各×1

Steps 製作表袋身

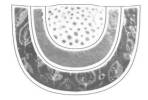

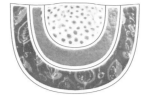

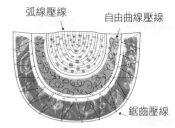

弧線壓線　　　自由曲線壓線

鋸齒壓線

1 將袋身表布依紙型裁剪後,車縫拼接,共完成 2片。

2 將完成拼接的表布+棉+洋 裁襯,車縫壓線。

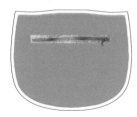

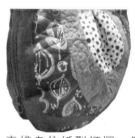

3 依紙型圖案,用羊毛不織布 將樹枝以點針縫縫於表布, ,葉子亦同。

4 製作側身:請參照P.56, 完成可加大尺寸的拉鍊側 袋身。

5 表袋身依紙型打摺,側邊 與表袋身相接,縫份倒向 側邊壓裝飾線。

製作裡袋身&組合

6 於裡布製作一字拉鍊口 袋&貼式口袋,與裡側邊 相接完成裡袋身。

7 將裡袋與表袋背面相對, 袋口疏縫固定。拉鍊擋布 固定在袋口後,車上滾邊

8 裝上皮手把。再依照P.55點 針縫貼布縫完成貓頭鷹,背 後縫上別針,完成。

國家圖書館出版品預行編目(CIP)資料

快速機縫!一日完成的多功能包 / 郭珍燕著. -- 初版.
-- 新北市 : 飛天, 2013.06
　面 ;　公分
ISBN 978-986-87814-6-7(平裝)

1.縫紉 2.手提袋

　　　　　　　　　426.3　　102006792

🧵 快速機縫!
一日完成的多功能包

作　　者　　郭珍燕
責任編輯　　王元卉
攝　　影　　王正毅
麻　　豆　　凌于涵(拉麵)
設　　計　　Joan
插　　畫　　Daisy Studio
紙型繪圖　　菩薩蠻數位文化有限公司
出　　版　　飛天出版社
地　　址　　新北市中和區中山路2段530號6樓之1
電　　話　　(02) 2222-7270
傳　　真　　(02) 2222-1270
網　　站　　www.guidebook.com.tw
E- mail　　cottonlife.service@gmail.com

■發行人／彭文富
■劃撥帳號／50141907
■戶名／飛天出版社
■總經銷／時報文化出版企業股份有限公司
■電話／(02)2306-6842
■倉庫／桃園縣龜山鄉萬壽路二段351號

數位 1 刷 / 2013 年 11 月

定價　　　　320元
ISBN　　　　978-986-87814-6-7

- -